食物背后的秘密
SHIWU BEIHOU DE MIMI

小麦，你从哪里来

温会会 / 编著

U0253622

浙江摄影出版社
全国百佳图书出版单位

小朋友，你见过白花花的面粉吗？别小瞧面粉，它的用途可广了！要做面包、面条、饼干、蛋糕等美食，都离不开面粉。

面粉是怎么诞生的呢?

人们将小麦磨成粉,进行加工,就生产出了细腻的面粉。

而神奇的小麦,又是从哪里来的呢?

小麦是一种常见的谷类作物，生长在广阔的农田里。你知道吗？早在几千年前，我们的祖先就开始种植小麦了。

在种植小麦之前，农民们会对土地进行处理。他们先将田里的秸秆打碎，把疏松的土壤翻上来，再把土地整理平整。

整理好土地，农民们就开始认真地选种。他们要挑选出最适合这片土地的小麦种子。

11

播种之前，小麦种子还要经过杀菌消毒。比如，农民们会在气温较高时"晒种"，让火辣辣的阳光来帮忙，消灭种子上的害虫。

你听说过"春小麦"和"冬小麦"吗？

在我国东北地区，小麦在三四月份播种，被称为"春小麦"；而在华北地区，小麦在十一月份左右播种，被称为"冬小麦"。

开始播种咯！

　　农民们在土地上挖出一道道小沟，将小麦种子均匀地播撒进去，再用土壤把种子掩埋起来。

过了一周左右，麦田里就长出了嫩绿的麦苗，仿佛披上了一件薄薄的绿衣裳。

种植小麦，可不是把种子种下去就完事了。小麦的成长，离不开精心的田间管理。

　　看，农民们经常往麦田里钻，忙着给小麦除草、施肥呢！

渐渐地，随着麦穗变金黄，籽粒变饱满，小麦进入了收获期。收获是一项大工程！农民们要对小麦进行收割、捆扎、码垛、拉运、脱粒。

"看我的！"本领高强的联合收割机上场了。

收获的小麦往往含有水分，因此要经过晾晒，才能存贮和销售。

小麦不仅能做成面粉，还能熬制麦芽糖或者制作麦片。经过发酵，小麦还可以变成啤酒、酒精、白酒呢！

麦片　　　　　　　　　　　面粉

啤酒　　　　伏特加　　白酒　　酒精

麦芽糖　　　　　　　　　面包

27

责任编辑　陈　一
文字编辑　谢晓天
责任校对　高余朵
责任印制　汪立峰

项目设计　北视国

图书在版编目（CIP）数据

　　小麦，你从哪里来 / 温会会编著 . -- 杭州 ： 浙江
摄影出版社， 2022.1
　　（食物背后的秘密）
　　ISBN 978-7-5514-3591-8

　　Ⅰ．①小… Ⅱ．①温… Ⅲ．①小麦－栽培技术－儿童
读物 Ⅳ．① S512.1-49

中国版本图书馆 CIP 数据核字 (2021) 第 223111 号

XIAOMAI NI CONG NALI LAI

小麦，你从哪里来

（食物背后的秘密）

温会会　编著

全国百佳图书出版单位
浙江摄影出版社出版发行
　　地址：杭州市体育场路 347 号
　　邮编：310006
　　电话：0571-85151082
　　网址：www.photo.zjcb.com
制版：北京北视国文化传媒有限公司
印刷：山东博思印务有限公司
开本：889mm×1194mm　1/16
印张：2
2022 年 1 月第 1 版　　2022 年 1 月第 1 次印刷
ISBN 978-7-5514-3591-8
定价：39.80 元